BEI GRIN MACHT SICH IHR WISSEN BEZAHLT

- Wir veröffentlichen Ihre Hausarbeit, Bachelor- und Masterarbeit

- Ihr eigenes eBook und Buch - weltweit in allen wichtigen Shops

- Verdienen Sie an jedem Verkauf

Jetzt bei www.GRIN.com hochladen und kostenlos publizieren

Luisa Liebold

Backpack Inspection. Dem Ranzengewicht auf der Spur

Ein Unterrichtsentwurf für bilingualen Matheunterricht in der Grundschule

GRIN Verlag

Bibliografische Information der Deutschen Nationalbibliothek:

Die Deutsche Bibliothek verzeichnet diese Publikation in der Deutschen National-bibliografie; detaillierte bibliografische Daten sind im Internet über http://dnb.d-nb.de/ abrufbar.

Impressum:

Copyright © 2014 GRIN Verlag GmbH
Druck und Bindung: Books on Demand GmbH, Norderstedt Germany
ISBN: 978-3-656-66472-7

Dieses Buch bei GRIN:

http://www.grin.com/de/e-book/272048/backpack-inspection-dem-ranzengewicht-auf-der-spur

GRIN - Your knowledge has value

Der GRIN Verlag publiziert seit 1998 wissenschaftliche Arbeiten von Studenten, Hochschullehrern und anderen Akademikern als eBook und gedrucktes Buch. Die Verlagswebsite www.grin.com ist die ideale Plattform zur Veröffentlichung von Hausarbeiten, Abschlussarbeiten, wissenschaftlichen Aufsätzen, Dissertationen und Fachbüchern.

Besuchen Sie uns im Internet:

http://www.grin.com/

http://www.facebook.com/grincom

http://www.twitter.com/grin_com

UNTERRICHTSPLANUNG

Zweite Staatsprüfung für das Lehramt an Grund-, Haupt- und Werkrealschulen, gemäß GHPO II vom 9. März 2007, in der derzeit gültigen Fassung

Staatliches Seminar für Didaktik und Lehrerbildung (GWHS) Heilbronn

Vorgelegt von   Luisa Liebold M.A.

Fach:	Mathematik
Klasse:	3a
Thema:	Backpack Inspection – dem Ranzengewicht auf der Spur
Datum:	17.03.2014
Uhrzeit:	11:10

_____	_____
Ort, Datum	Unterschrift

Inhalt

Situationsanalyse

Das ▇ liegt im Süden des Landkreises Heilbronn in ▇, einer Gemeinde mit rund ▇ Einwohnern.

Das Schulzentrum besteht aus einer Grund- und Werkrealschule, die zum Schuljahr 2013/2014 zu einer Gemeinschaftsschule geworden sind. Auch Teil des Schulzentrums ist die ▇. Zusammen mit der Grundschule ▇ und der Förderschule ▇ ist das Schulzentrum eines der Bildungseinrichtungen in der Gemeinde. 430 Schülerinnen und Schüler aus ▇ und den umliegenden Orten besuchen die Gemeinschaftsschule, davon 252 die Primarstufe und 178 die Sekundarstufe. An der überwiegend dreizügigen Grundschule und der zweizügigen Werkrealschule mit einzügiger fünfter und sechster Klasse unterrichten 37 Lehrerinnen und Lehrer.

Situation der Klasse

In der Klasse 3a lernen 22 Kinder, 11 Schülerinnen und 11 Schüler. Das Klassenzimmer befindet sich im ersten Stockwerk des Primarschulgebäudes und hat einen fast quadratischen Grundriss, der viele verschiedene Sitzordnungen zulässt. Auf Wunsch der Schülerinnen und Schüler waren die Tische ganz traditionell in Reihen gestellt worden, die spürbar für mehr Ruhe im Klassenzimmer gesorgt haben. Seit den Faschingsferien sind sie nun in Form eines doppelten E's angeordnet[1], um die Kinder mit verschiedenen Sitzordnungen vertraut zu machen und das Klassengefüge durch wechselnde Arbeitsgruppen zu stärken.

Im Allgemeinen helfen sich die Schülerinnen und Schüler der Klasse 3a gegenseitig gern aus und zeigen hohe soziale Kompetenzen. Viele Kinder sind auch außerhalb der Schule befreundet. Um die Disziplin im Klassenzimmer zu gewährleisten, müssen die Schülerinnen und Schüler noch oft an die Regeln erinnert werden.

Besonders ▇, der das Geschehen im Klassenzimmer gern kommentiert, wird immer wieder darauf hingewiesen, sich erst zu melden und dann zu sprechen.

▇, der sich gern ablenken lässt und immer wieder an das Arbeiten erinnert werden muss, saß bisher an einem Einzeltisch in Nähe der Tafel. Seit Kurzem wird auf Anraten der

---

[1] Der aktuelle Sitzplan der Klasse befindet sich im Anhang (Seite 34).

■² getestet, ob es besser für sein Arbeitsverhalten wäre, wenn er die Klasse überblicken kann. So sitzt er nun hinten und muss sich nicht mehr zu seinen Klassenkameraden umdrehen, um das Geschehen im Klassenzimmer zu verfolgen. Zum jetzigen Zeitpunkt kann noch keine Aussage dazu getroffen werden, inwiefern diese Maßnahme erfolgreich ist.

Die Leistungsspanne in der Klasse im Fach Mathematik ist sehr groß. Viele Schülerinnen und Schüler in der Klasse wie beispielsweise ■ und ■ haben eine schnelle Auffassungsgabe und können neu erworbenes Wissen rasch auf andere Sachverhalte übertragen. Andere Kinder, etwa ■, brauchen deutlich länger um neue Inhalte zu durchdringen. ■ zeigt dabei besonders große Schwächen im basalen Bereich, etwa bei der Simultanerfassung sowie beim Rechnen im Zahlenraum bis 20. Eine Beratung von Klassenleiterin und Lehramtsanwärterin zur freiwilligen Rückversetzung in Klasse 2 wurde von den Eltern nicht unterstützt. So muss eine sinnvolle Balance zwischen Festigung von Grundkenntnissen sowie dem Verständnis neuer Inhalte bei gleichzeitiger Stärkung des Selbstwertgefühls gefunden werden. Bei der täglichen Übung beispielsweise darf ■ derzeit als Hilfe eine Übersicht über das kleine Einmaleins verwenden. Sie sucht darin die Lösung zur angesagten Aufgabe. Dabei muss sie je nach diktierter Aufgabe die passende Umkehraufgabe finden (bei 36 : 6 beispielsweise die Aufgabe 6 · 6) oder kann die Reihen zum Weiterrechnen verwenden (zum Beispiel muss sie bei 5 · 11 die Lösung zu 5 · 10 um 5 ergänzen). Die Hilfe kann nur als kleiner Zwischenschritt zum automatisierten Anwenden der Einmaleins-Reihen angesehen werden. Dennoch hat sich gezeigt, dass diese Maßnahme dazu führt, dass ■ die Aufgaben selbstständiger zu lösen versucht und diese nicht von anderen Mitschülerinnen und Mitschülern kopiert. Des Weiteren arbeitet sie seit Kurzem beim Vergleichen der Ergebnisse auch aktiver mit.

Lehr- und Lernmethoden

Die Schülerinnen und Schüler der Klasse 3a arbeiten besonders gern selbstständig. Lehrerzentrierte Phasen im Unterricht müssen auch auf Grund der Heterogenität kurz gehalten werden, sonst sind die Schülerinnen und Schüler unkonzentriert und unruhig. In

---

² ■ steht für ■. Es handelt sich dabei um einen Zusammenschluss von Jugendhilfemaßnahmen, die auf die Unterstützung der Entwicklung von Kindern und Jugendlichen ab dem Grundschulalter abzielen. Dabei erfolgt eine enge Zusammenarbeit mit Eltern und der Schule.

Kleingruppen arbeiten die Kinder hingegen zielstrebig an einer Aufgabe.

Im Mathematikunterricht steht es den Schülerinnen und Schülern oft frei, zwischen gegebenen Aufgaben zu wählen und die Arbeitsform sowie den Arbeitsort selbst zu bestimmen. So können die Lernenden ihren Lernprozess selbst regulieren und sind nach und nach in der Lage, Aufgaben zu wählen, die sie an- und ihrem aktuellen Leistungsvermögen entsprechen. Sie lernen, die anstehenden Aufgaben einzuteilen und sich auf ein Problem einzulassen. Die freie Wahl des Arbeitsplatzes im Klassenzimmer ermöglicht es den Schülerinnen und Schülern, sich auch in längeren Phasen der Anspannung zu bewegen. So ist auch eine bewusste Entscheidung für einen Ort der Ruhe (Leseecke) oder einen Ort zum gemeinsamen Bearbeiten einer Aufgabe (Gruppentisch) möglich.

Die Festigung des Einspluseins und Einmaleins hat einen hohen Stellenwert. Dabei kommt der Computer zum Einsatz, an dem die Schülerinnen und Schüler wöchentlich und parallel zu Arbeitsphasen ein bestimmtes Pensum an Aufgaben erledigen. Sie erhalten eine schnelle Rückmeldung zu den gelösten Aufgaben und erleben den Computer dabei als ein nützliches Medium. Durch das langsame Heranführen an das Arbeiten mit Computern erwerben sie zunehmend Medienkompetenz. Gleichzeitig entlastet der Einsatz des Computers die Arbeit der Lehrkraft und erlaubt dennoch eine enge Betreuung der Schülerinnen und Schüler, da deren Performanz abgerufen und zur Diagnose sowie Festlegung weiterer Förderschritte herangezogen werden kann. So ist eine effektive Nutzung der Unterrichtszeit möglich.

Die kritische Selbstkontrolle und damit die Reflexion von Lösungswegen ist ebenfalls ein übergreifendes Ziel im Mathematikunterricht und dient zur Förderung selbstregulierten Lernens. Schülerinnen und Schüler sind täglich dazu angehalten, Aufgaben zu lösen und somit ihre Fertigkeiten auch außerhalb der Unterrichtszeit weiter zu trainieren. Das Übungsheft[3] dient dabei als ideale Grundlage. Die Schülerinnen und Schüler der Klasse 3a arbeiten darin in ihrem individuellen Tempo zu Hause. Nach dem Lösen der Aufgaben kontrollieren sie ihre Ergebnisse selbstständig und korrigieren diese gegebenenfalls. Die zeitnahe Kontrolle ermöglicht dabei eine engmaschige Auseinandersetzung mit der Aufgabe. Die Schülerinnen und Schüler lernen Verantwortung für ihr eigenes Arbeiten zu übernehmen. Der individuelle Fortschritt steht im Mittelpunkt, nicht der Vergleich mit

---

[3] Keller, Karl-Heinz / Pfaff, Peter (2013). *Das Übungsheft 3*. Denk- und Rechentraining. Offenburg: Mildenberger Verlag.

anderen Klassenkameraden.

Im Mathe-Tagebuch reflektieren die Schülerinnen und Schüler zunehmend eigenständig, womit sie sich in der vergangenen Woche im Mathematikunterricht auseinandergesetzt haben und was sie gern noch wissen wollen. Damit lernen sie, metakognitiv über ihr Lernen nachzudenken. Dies ist besonders wichtig, da ein Teil des Mathematikunterrichts in der Fremdsprache Englisch stattfindet.

Bilingualer Unterricht

Seit Beginn des Schuljahres findet der Mathematikunterricht in der Klasse 3a bilingual statt. Dies bedeutet konkret, dass die Schülerinnen und Schüler neben deutschsprachigem Unterricht am Montag, Mittwoch und Freitag (jeweils eine Unterrichtsstunde) donnerstags drei Unterrichtsstunden lang einsprachig in Englisch unterrichtet werden, zwei Unterrichtsstunden davon zu mathematischen Inhalten. Die Festlegung des fremdsprachlichen Mathematikunterrichts (Immersion) auf einen bestimmten Wochentag garantiert zum Einen durch seine Ritualisierung eine Verbindlichkeit Schülerinnen und Schülern, aber auch der Lehrkraft gegenüber und sichert zum Anderen einen regelmäßigen Kontakt der Schülerinnen und Schüler mit fremdsprachlichen Sachfachinhalten.

Die Fremdsprache Englisch wird bereitwillig von den meisten Kindern angenommen und hat sich mit Hilfe von Ritualen gut in den Schulalltag integriert. So beginnt und endet jede gemeinsame Unterrichtsstunde mit einem englischen Lied, welches durch Lautgebärden der American Sign Language (Gebärdensprache) unterstützt wird. Danach ist eine Schülerin / ein Schüler der News Reporter, der – verkleidet in Hemd und Krawatte und ausgestattet mit einem „Mikrofon" – Jahreszeit, Datum und Wetter verkündet und Froggy, eine Anziehpuppe an der Tafel und eine Art „Maskottchen" für den englischsprachigen Unterricht – entsprechend des Wetters ankleidet.

Rituale des Mathematikunterrichts werden in englischsprachigen Unterrichtsstunden selbstverständlich in der Fremdsprache durchgeführt. So rechnen die Schülerinnen und Schüler auch dann zehn Aufgaben am Beginn der Stunde, die von der Lehrerin auf Englisch gestellt werden. Schülerinnen und Schüler, die im Umgang mit der Fremdsprache noch unsicher sind, werden unterstützt, indem Mitschülerinnen und Mitschüler diese Aufgaben übersetzen. Im Allgemeinen werden Kinder, die beim Verstehen des fremdsprachlichen Inputs noch Schwierigkeiten haben, neben dem Übersetzen und Erklären durch Mitschülerinnen und Mitschüler auch durch stärkere Visualisierung, Darbietung des Gesagten mit Hilfe von Mimik und Gestik und stärkere Kleinschrittigkeit als im regulären Mathematikunterricht unterstützt.

Zum jetzigen Zeitpunkt ist festzustellen, dass die Schülerinnen und Schüler der Klasse 3a im Großen und Ganzen gut in der Lage sind, englischsprachigen Input als sinnhaftig zu dekodieren. Dies wird beispielsweise deutlich, wenn Anweisungen umgesetzt und Fragen beantwortet werden. Zurückhaltend zeigen sich viele Kinder noch bei der eigenständigen Produktion von fremdsprachigen Aussagen. Es ist akzeptiert, Antworten in der deutschen Sprache zu geben, wenngleich die Lehramtsanwärterin auch immer wieder – vor allem Schülerinnen und Schülern, denen dies auf Grund ihrer guten fremdsprachlichen Fähigkeiten zugetraut werden kann – zum Englischsprechen ermuntert.

██████ ist bisher als einziger Schüler aufgefallen, der englischem Input äußerst skeptisch und häufig ablehnend gegenübersteht. Er begründet Unaufmerksamkeit gern damit, dass er nichts versteht – dies auch, wenn zuvor unmissverständliche Mimik und Gestik oder Übersetzung durch Mitschülerinnen und Mitschüler herangezogen wurden. Die Lehramtsanwärterin bemüht sich um einen Abbau dieser offensichtlich ablehnenden Haltung, indem sie seine individuellen Erfolgserlebnisse im bilingualen Mathematikunterricht besonders hervorhebt und lobt.

Die Herausforderung des bilingualen Mathematikunterrichts besteht darin, durch klar verständlichen Input auf der Anschauungsebene den Schülerinnen und Schülern mit Mathematikdefiziten und durch einfache sprachliche Formulierungen jenen Schülerinnen und Schülern mit Defiziten im fremdsprachlichen Bereich gerecht zu werden. Gleichzeitig müssen die Inhalte so ansprechend und herausfordernd sein, dass sie auch für leistungsstarke Schülerinnen und Schüler motivierend sind und insgesamt ein Lernzuwachs verzeichnet werden kann.

Sachanalyse

Gewichte

„Eine Größe wird [...] als ein Ausdruck zur quantitativen Kennzeichnung einer messbaren Eigenschaft von Körpern, Vorgängen, Zuständen usw. charakterisiert, sie ist also eine Eigenschaft realer Gegenstände." (Reuter / Neubert 2010, S. 4)

Neben Stückzahlen, Geldwerten, Zeitspannen, Längen, Flächen und Rauminhalten werden Massen dem mathematischen Bereich der Größen zugeordnet. Jede Größe ist durch eine Maßeinheit festgelegt. Die Grundeinheit der Masse ist Kilogramm (kg), „festgelegt durch den Internationalen Kilogrammprototyp, einen Zylinder aus einer Platin-Iridium-Legierung, der seit 1889 in Paris aufbewahrt wird. Damit ist das Kilogramm die einzige Basiseinheit [...], die derzeit noch durch einen makroskopischen Körper repräsentiert wird." (Fritzlar 2013, S. 5). Gramm (g) stellt die im täglichen Umgang kleinste gebräuchliche Maßeinheit für die Masse dar.

$$1000 \text{ g} = 1 \text{ kg}$$
$$1000 \text{ kg} = 1 \text{ t}$$

Die Gewichtskraft setzt sich zusammen aus der Anziehungskraft zweier Massen (Gravitationskraft).

$$F = m \cdot g$$

Gewicht ist das Produkt aus Masse und Beschleunigung.

Da die Fallbeschleunigung auf der Erde konstant 9,81 m/s² ist, wird im Alltag meist nicht zwischen Masse und Gewicht unterschieden (Brugger u.a. 2005).

Schulranzengewicht

Bei der Entwicklung von Schulranzen muss in Deutschland eine DIN-Norm (58124) eingehalten werden. Sie beschreibt die Anforderungen an Verkehrssicherheit, Gebrauchstauglichkeit sowie die körperlichen Eigenschaften des Ranzens. Unter anderem ist darin auch geregelt, dass mindestens 20 Prozent mit fluoreszierendem Material ausgestattet sein müssen.

„In Deutschland empfahl die DIN 58124 bis August 2010: „Als Faustregel gilt für normalwüchsige, gesunde Kinder, dass das Gewicht des zu tragenden, gefüllten Schulranzens zehn Prozent des Körpergewichts des Kindes nicht übersteigen sollte."

Nach einer Novellierung der DIN-Norm im September 2010 wurde diese Empfehlung entfernt."[4]

Eine Studie zur Belastung des Kinderrückens an der Universität Osnabrück geht stattdessen davon aus, dass falsche Schulmöbel und Bewegungsmangel zu Schäden führen[5]. Allerdings berichten Forscher der University of California, in ihren Untersuchungen sei deutlich geworden, dass „schon ab einem Wert von zirka 20 Prozent des Körpergewichtes [...] die Bandscheiben zusammengeschoben [wurden] und es traten sogar Seit-Krümmungen der Wirbelsäule auf"[6]. Viele Autoren empfehlen daher weiterhin ein Ranzengewicht von 10-15% des Körpergewichtes. Moderne Schulranzen haben ein geringes Eigengewicht und sorgen dadurch zusätzlich für weniger Belastung für den Rücken.

---

[4] http://de.wikipedia.org/wiki/Schulranzen (zuletzt aufgerufen am 15.03.2014)
[5] http://www.eltern.de/schulkind/grundschule/schulranzen-gewicht.html (zuletzt aufgerufen am 15.03.2014)
[6] http://www.schoen-kliniken.de/ptp/medizin/ruecken/verschleiss/rueckenschmerzen/alltag/art/01923/ (zuletzt aufgerufen am 15.03.2014)

Didaktische Überlegungen

Verankerung des Themas im Bildungsplan

Im Zentrum des Mathematikunterrichts soll die Sensibilisierung der Schülerinnen und Schüler „für den mathematischen Gehalt alltäglicher Situationen und alltäglicher Phänomene" (Ministerium für Kultus, Jugend und Sport Baden-Württemberg 2004b, S. 54) stehen, um sie daran anschließend „zum Problemlösen mit mathematischen Mitteln anzuleiten" (ebd.). Indem die direkte Lebenserfahrung der Kinder genutzt und an deren Vorerfahrungen angeknüpft wird, gelingt es, vorhandene Denkstrukturen für den Mathematikunterricht zu nutzen und diese zu erweitern.

Bei der Inspektion ihres Ranzens setzen sich die Schülerinnen und Schüler „mit Situationen ihrer Lebenswelt auseinander und finden darin authentische Fragen und Probleme, die mathematisch gelöst werden können" (Ministerium für Kultus, Jugend und Sport Baden-Württemberg 2004b, S. 54).

Die Vorstellung über Größen und deren Anwendung und Bedeutung für das tägliche Leben gehören zum mathematischen Grundwissen und somit zu den „unabdingbaren Kenntnisse[n] und Fertigkeiten" (Ministerium für Kultus, Jugend und Sport Baden-Württemberg 2004b, S. 54). „Beim Aufbau von Größenvorstellungen entstehen adäquate Abbilder von Repräsentanten von Größen im Bewusstsein des Menschen. Es kommt darauf an, die aufgebauten Größenvorstellungen aufzubewahren und je nach Bedürfnis immer wieder zu reproduzieren und gedanklich weiterverarbeiten zu können." (Reuter / Neubert 2010) Erst durch den handelnden Umgang mit Größen können inhaltsbezogene Kompetenzen, also das fachliche Wissen über sie, zu mathematischen Kompetenzen weiterentwickelt werden, durch welche die Lernenden schließlich in der Lage sind, authentische Fragen und Probleme der Umwelt zu klären (ebd.).

Im Umgang mit Größen entwickeln die Schülerinnen und Schüler Sachrechenkompetenz. Dies „ist die Fähigkeit, eine Sachsituation in einem Modellierungsprozess in ein mathematisches Modell zu übertragen, dieses mithilfe des verfügbaren Wissens und Könnens zu bearbeiten und auf dieser Ebene eine Lösung zu finden" (Ministerium für Kultus, Jugend und Sport Baden-Württemberg 2004b, S. 55).

Nur Unterricht, der verstehenden Umgang mit der Mathematik ermöglicht, führt zur Ausbildung fachlicher und übergreifender Kompetenzen. Ein Wechsel von Handeln und

Reflektieren führt zur Bildung von Denkstrukturen. Handlungsorientierung ermöglicht das Arbeiten eines jeden Kindes auf seiner Stufe des Könnens (Ministerium für Kultus, Jugend und Sport Baden-Württemberg 2004b, S. 56).

Begründung des Themas

Schülerinnen und Schüler bringen zahlreiche Erfahrungen zum Thema Gewichte und dem Wiegen mit in die Schule. Sie begegnen Gewichten in allen Lebensbereichen: beim Backen, beim Einkaufen und Kochen, beim Postamt und beim Kinderarzt. Für den Erwerb neuer Fähigkeiten und Fertigkeiten ist das ein geeigneter Ausgangspunkt, denn oft haben die Kinder nur diffuse Vorstellungen von Gramm und Kilogramm. Zur Bewältigung von Sachproblemen ist es jedoch notwendig, Größenvorstellungen zu entwickeln. Das Ablesen von Waagen sowie das problemlose Umrechnen von einer in eine andere Einheit muss als Grundkenntnis gefestigt werden.

Rückengesundheit ist dabei fächerübergreifend ein zentrales Thema und für das Leben der heranwachsenden Kinder von großer Bedeutung, wobei die Schülerinnen und Schüler dafür erst sensibilisiert werden müssen. Haltungsschäden und Rückenschmerzen sind oft die Folge langfristiger Fehlentwicklungen. Eine Auseinandersetzung mit diesem Thema sollte also so früh wie möglich erfolgen.

Überlegungen zum bilingualen Mathematikunterricht

Die Herausforderung – auch in didaktischer Hinsicht – der hier vorgestellten Unterrichtsstunde ist das Arbeiten in der Fremdsprache. Auf Grund nachweislich geringer Lernzuwächse in der Fremdsprache wurde nach Wegen gesucht, die Fremdsprachen stärker und sinnhafter in den Unterricht zu bringen. Das Unterrichten einer Fremdsprache bei gleichzeitiger Vermittlung von Sachfachinhalten bietet sich an, um authentische Sprechanlässe zu schaffen, und kann besonders im Mathematikunterricht als erfolgversprechend betrachtet werden, da hier durch das mehrheitliche Arbeiten auf der symbolischen Ebene Sprachkompetenz nicht so im Mittelpunkt steht wie in anderen Sachfächern. Dass bilingualer Unterricht seine Berechtigung hat, wird auch im Bildungsplan klar betont, wenn es heißt: „Die Einbettung der Zielsprache in Sachfächer als Beitrag zum bilingualen Lehren und Lernen ist daher, wann immer möglich, anzustreben." (Ministerium für Kultus, Jugend und Sport Baden-Württemberg 2004, S. 68) und „Das

integrative Lernen in der Fremdsprache schließt den Mathematikunterricht mit ein."
(Ministerium für Kultus, Jugend und Sport Baden-Württemberg 2004b, S. 56)[7].

Walker (2009b) hat dazu die Gemeinsamkeiten zwischen der Mathematikdidaktik und der Didaktik des Fremdsprachenunterrichts herausgearbeitet. Drei grundlegende Prinzipien gelten dabei für beide Fächer und können somit im bilingualen Unterricht genutzt werden (ebd.):

- *Anschaulichkeit:* „Einer Automatisierung auf der symbolischen Ebene sollte immer eine anschauliche Bearbeitung von Inhalten vorausgehen." (ebd.)

- *Handlungs- und Produktorientierung:* Indem konkret mit Material gearbeitet wird, können Vorgänge besser nachvollzogen und Denkfehler schneller identifiziert werden (Ministerium für Kultus, Jugend und Sport Baden-Württemberg 2004b,S. 56)

- *Spiralcurriculum:* Konzepte und Denkstrukturen können sich erst langfristig im Gedächtnis verankern, wenn sie immer wieder thematisiert und mit neuen Informationen verknüpft werden.

Themen aus dem Bereich Messen und Größen, wie sie in der hier vorgestellten Unterrichtsstunde behandelt werden, eignen sich durch ihre immanente Anschaulichkeit und die sich ergebenden Möglichkeiten des handelnden Umgangs mit ihnen in besonderem Maße für den bilingualen Mathematikunterricht. Die Erklärungen der Lehrperson in der Fremdsprache können beim eigenen Handeln verstanden werden. Unterstützt wird der sprachliche Input durch erhöhte Anschaulichkeit, klare Arbeitsanweisungen und Symbole. Gestik und Mimik sowie Wiederholungen helfen den Schülerinnen und Schülern, das Gesagte zu verstehen. Die Lehrkraft ist Sprachvorbild und sollte deshalb jede Handlung kommentieren. Auf die Verwendung der Muttersprache sollte nur in Notfällen zurückgegriffen werden; sie ist nur den Lernenden gestattet.
Elemente des Fremdsprachenunterrichts, denen sich der bilinguale Unterricht ab und zu bedient, wie etwa Storytelling und das Nachsprechen wichtiger Phrasen in der hier vorgestellten Unterrichtsstunde, motivieren die Schülerinnen und Schüler, sich auf die Fremdsprache einzulassen, und sichern einen fremdsprachlichen Lernzuwachs.

---

[7] Eine tiefgründige Diskussion zur Legitimation des bilingualen Mathematikunterrichts allgemein ist nachzulesen in Liebold (2013, S. 23ff.). Walker (2009) arbeitet die Gründe für den bilingualen Mathematikunterricht speziell in der Grundschule heraus.

Die Schülerinnen und Schüler der Klasse 3a lernen seit der ersten Klasse die Fremdsprache Englisch kennen, seit diesem Schuljahr wird 40% der Unterrichtszeit in Mathematik einsprachig Englisch erteilt. Wenn auch individuell zwischen den Lernenden große Unterschiede in der Fremdsprachenkompetenz zu verzeichnen sind, so können im rezeptiven Bereich folgende Fertigkeiten für die Planung der Unterrichtsstunde als gesichert gelten:

Sprachlich	Fachlich
- Begrüßung / Verabschiedung - Schulsachen - Interaktion im Klassenzimmer (open, close, yes / no, give me, come, go to,…)	- Zahlen von 1 – 1000 - Rechenoperationen (plus, minus, times, divided by) - Ordinalzahlen von 1-31 - light / heavy - gram / kilogram

Unterschieden werden die sprachlichen Elemente nach Cummins auch in BICS and CALP (vgl. Wildhage / Otten 2009, S. 28). Basic Interpersonal Communicative Skills meint dabei Sprache, die man zur Bewältigung alltäglicher Interaktion benötigt, unter anderem Classroom Language. Themenbezogene Wendungen und Fachbegriffe, die zum Verständnis der Sachfachinhalte benötigt werden, werden unter Cognitive / Academic Language Proficiency zusammengefasst.

Da im bilingualen Unterricht ein klarer Fokus auf dem Sachfach liegt, ist ein Lernzuwachs vor allem bei Inhalten des Sachfachs zu finden. In der Unterrichtsstunde „Backpack Inspection" werden die Lernenden mit der Struktur „I need… in school. / I don't need… in school." vertraut gemacht.

Einordnung der Stunde in die Unterrichtseinheit

Die Unterrichtseinheit „Gewichte"		
	Experimenting with the Coat Hanger Balance Scale	Die Schülerinnen und Schüler vergleichen verschiedene Gegenstände hinsichtlich ihrer Masse miteinander. Nachdem sie eine Hypothese gebildet haben, welcher Gegenstand schwerer ist, überprüfen sie ihre Vermutung mit Hilfe einer Kleiderbügelwaage.
	Measuring the weight with beans, buttons, bottle caps and gummi bears	Die Schülerinnen und Schüler wiegen verschiedene Gegenstände mit Hilfe einer Balkenwaage und unstandardisierter Einheiten (Bohnen, Knöpfe, Kronkorken, Gummibärchen).
	Gram and Kilogram	Die Schülerinnen und Schüler lernen die standardisierten Einheiten g und kg kennen und finden Möglichkeiten, die Waage ins Gleichgewicht zu bringen. Dazu setzen sie die Wägestücke immer wieder neu zusammen.
	Waagentypen und ihre Verwendung	Die Schülerinnen und Schüler bringen verschiedene Waagen mit in die Schule und diskutieren deren Verwendung.
	Unsere Klasse steht auf der Personenwaage	Die Schülerinnen und Schüler sammeln das Gewicht und die Größe eines jeden Kindes in einer Tabelle.
	Backpack Inspection	Die Schülerinnen und Schüler untersuchen, ob das Gewicht ihres Ranzens in einem Bereich liegt, der als rückenfreundlich eingestuft werden kann. Sie reflektieren kritisch, welche Dinge nicht im Schulranzen sein müssen.
	Zootiere und ihr Gewicht	Die Schülerinnen und Schüler sprechen über Zootiere und deren Gewicht. Dabei lernen sie die Einheit Tonne kennen und setzen diese in Beziehung zu der bekannter Einheit Kilogramm.
	Gewichte umrechnen	Die Schülerinnen und Schüler üben das Umrechnen zwischen den einzelnen Gewichtseinheiten.
	What is as heavy as 1kg?	Die Schülerinnen und Schüler sammeln Gegenstände, die ein Gewicht von 1 kg aufweisen. Anschließend werden Gegenstände gesucht, welche als Stützpunktgrößen herangezogen werden können.

Vermischte Übungen	Die Schülerinnen und Schüler reflektieren und wiederholen die behandelten Inhalten anhand verschiedener Übungen.

Der Aufbau der Unterrichtseinheit folgt dem Stufenmodell von Franke (2009, S. 201), nach dem ein direkter Vergleich von Repräsentanten an erster Stelle stehen sollte, bevor mit unstandardisierten Einheiten gearbeitet wird und schließlich standardisierte Einheiten kennen gelernt werden. Auch wenn dieses Modell, welches sich auf alle Größen übertragen lässt, von einigen Autoren in Frage gestellt wird (vgl. Brugger u.a. 2005[8]) scheint die Abfolge logisch und besonders im Bereich der Gewichte, wo unterschiedliche Vorerfahrungen der Kinder vorhanden sind, sinnvoll zu sein. Die Reihenfolge, die sich ebenfalls historisch begründen lässt, verdeutlicht die Vorteile standardisierter Einheiten, stellt diese aber nicht als einzige Möglichkeit im Umgang mit Größen dar. So ist es möglich, einen Fokus auf den Prozess, die Handlung des Wiegens, zu legen.

Die vielfältigen Fertigkeiten und Fähigkeiten, die das Wiegen ausmachen, sollen auch in der hier vorgestellten Unterrichtsstunde trainiert und gefestigt werden. Gleichzeitig wird an einem realen Problem gearbeitet, welches mit Hilfe der Mathematik gelöst werden soll. So wird ein Bogen zur Lebenswelt der Kinder geschlagen, welche die Mathematik als nützlich und lebensnah wahrnehmen. Indem sie ihr Wissen über Waagen, Skalen und Zahlen anwenden, gelangen sie zu einer Lösung, die ein Problem ihres individuellen Lebens löst („Ist mein Ranzen zu schwer für meinen Rücken?").

Sie werden zunächst ihren Ranzen vollständig wiegen. Dazu sollen sie die geeignete Waage auswählen, den Ranzen abstellen und das Gewicht ablesen. Bei analogen Waagen muss die Skala angesehen werden, damit die richtige Zahl abgelesen wird. Auch bei digitalen Waagen muss immer wieder überlegt werden: „Kann das stimmen?". Ihr eigenes Körpergewicht, welches sie in der letzten Unterrichtsstunde gemessen haben, im Kopf schauen sich die Schülerinnen und Schüler die Tabelle „Weight – Backpack Weight" an und entnehmen die zulässige Gewichtsspanne für ihren Ranzen[9]. Die Angabe in kg stimmt mit

---

[8] „Neuere Untersuchungen zeigen, dass vor allem das Messen mit nicht standardisierten Maßeinheiten Schwierigkeiten mit sich bringen kann. Diese liegen vor allem in der Notwendigkeit ihren Einsatz zu rechtfertigen, wenn die genormten Maße einigen Kindern bereits bekannt sind.",
[9] Die Tabelle wurde aus dem Zaubereinmaleins übernommen. Das Zaubereinmaleins ist eine Plattform im Internet, die Materialien für den Unterricht in der Grundschule für seine registrierten Mitglieder anbietet. Weitere Infos auf: www.zaubereinmaleins.de

der Angabe auf den Personenwaagen überein und kann so schnell verglichen werden.

Arbeitsblatt I

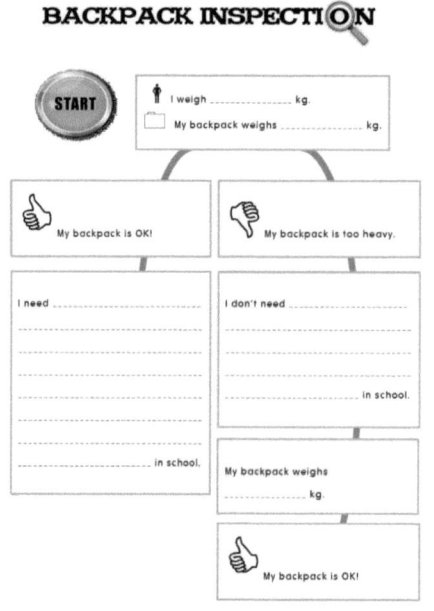

Die Schülerinnen und Schüler tragen ihr Gewicht und das Ist-Gewicht ihres Ranzens ein. Sie entscheiden anschließend durch Vergleich mit der Angabe in der Tabelle, ob ihr Ranzen im Bereich des Soll-Gewichts liegt oder nicht. Je nachdem bearbeiten sie die linke (Ranzengewicht in Ordnung) oder die rechte Seite (Ranzengewicht zu hoch) des Arbeitsblattes. Sie notieren die Dinge, die sie in der Schule benötigen / nicht benötigen. Im Falle eines zu schweren Ranzengewichts zu Beginn wiegen sie ihren Ranzen erneut so lange, bis das Gewicht zufriedenstellend ist.

Dabei schätzen sie das Gewicht einiger Gegenstände, um zu entscheiden, welcher Gegenstand aus dem Ranzen genommen werden könnte. Sie überprüfen anschließend durch Wiegen.

Arbeitsblatt II

Die Schülerinnen und Schüler schauen sich die einzelnen Bestandteile ihres Ranzens nun genauer an und bekommen eine Vorstellung darüber, wie schwer die einzelnen Teile sind. Dazu entpacken sie ihren Ranzen vollständig, wiegen das Leergewicht und notieren es in Gramm in die vorgesehenen Kästchen auf dem

Arbeitsblatt. Dabei beachten sie das Stellenwertsystem und schreiben eine Zahl in ein Kästchen. Die restlichen Gegenstände können sie voraussichtlich mit einer Küchenwaage wiegen. Auch hier werden die Gewichte notiert. Schließlich addieren sie die einzelnen Gewichte zusammen und können so überprüfen, ob sie ungefähr richtig gewogen haben (das Gewicht sollte mit dem Gewicht von Arbeitsblatt I etwa übereinstimmen).

Die Unterrichtsstunde „Backpack Inspection" greift nicht nur auf die Erfahrungen der Kinder aus den letzten Unterrichtsstunden dieser Unterrichtseinheit zurück, sondern auch auf deren persönliche Erfahrungen. Auch wenn Gewichte als Größen mit hoher Wahrscheinlichkeit in den letzten Schuljahren im Unterricht nicht weiter thematisiert wurden, bringen die Kinder zahlreiches Wissen bereits mit. Der Ranzen und sein Inhalt sind nicht nur Dinge, mit denen sich die Schülerinnen und Schüler tagtäglich beschäftigen, Gewichte und das Wiegen sind ihnen aus der Küche zu Hause, vom Kinderarzt und aus dem Supermarkt bekannt. Im Englischunterricht ist das Thema „School Things" in allen Schuljahren zu finden. Auch zu Beginn des aktuellen Schuljahres war es präsent, als die Schülerinnen und Schüler die Geschichte „Froggy Goes to School" (Jonathan London) gelesen haben und die Vokabeln für Gegenstände in ihrer Schultasche kennen gelernt / wiederholt haben. Natürlich spielen diese Wörter auch im täglichen Schulleben eine Rolle, vor allem ihre Verwendung im bilingualen Unterricht.

In folgenden Unterrichtsstunden wird am Beispiel der Zootiere die Einheit Tonne eingeführt. In Gesprächen wurde deutlich, dass viele Kinder die Einheit bereits kennen, umso wichtiger ist es jedoch, sicherzustellen, dass realistische Repräsentanten für die einzelnen Einheiten vorhanden sind beziehungsweise Repräsentanten für bestimmte Gewichte zu entwickeln, damit sich keine falschen Vorstellungen verfestigen. Nachdem das Umrechnen von Gewichten zwischen den verschiedenen Einheiten geübt worden ist, wird deshalb auch nochmals eine Unterrichtsstunde zum Aufbau realistischer Größenvorstellungen durchgeführt. Auf der Suche nach Gegenständen, die ein Kilogramm wiegen, werden die Stützpunktvorstellungen gefördert: „Von Stützpunktvorstellungen wird in der Regel gesprochen, wenn Vorstellungen über Repräsentanten wichtiger Größen entwickelt werden. [...] Vor allem für Schätzaufgaben und den Schritt der Ergebnisüberprüfung haben Stützpunktvorstellungen als Vergleichsgrößen große

Bedeutung. [...] Das Zusammenspiel zwischen Schätzen und Entwicklung von Größenvorstellungen ist wechselseitig." (Reuter / Neubert 2010). Anschließend sollen weitere Repräsentanten für bestimmte Größen (1g – 1 kg – 10 kg – 100 kg – 1 t) gefunden werden. Auch Größenangaben zu bestimmten Objekten können gespeichert werden („Eine Tafel Schokolade wiegt 100g."). Die Unterrichtseinheit endet mit einer Übungseinheit, in der die neu erlernten Inhalte anhand von verschiedenen Aufgaben weiter gefestigt werden sollen.

Das Thema „Gewichte" wird auch weiterhin im Schuljahr eine Rolle spielen. So wird es noch einmal thematisiert werden, wenn die Schülerinnen und Schüler im Rahmen der Unterrichtseinheit „Food" im Englischunterricht ein Klassenfrühstück vorbereiten und Brötchen backen. Dazu werden sie sich außerdem mit dem Gewicht verschiedener Lebensmittel auseinander setzen und kritisch betrachten, wie schwer die Verpackungen sind, welche täglich in den Müll geworfen werden.

Natürlich ist das Thema auch in folgenden Schuljahren Gegenstand des Unterrichts. Mit der Zahlenraumerweiterung bis 1 000 000 in Klasse 4 werden Umrechnungen zwischen den Einheiten wieder eine Rolle spielen. Weil dies den Schülerinnen und Schülern erfahrungsgemäß große Schwierigkeiten bereitet, ist es umso notwendiger, durch handelnde Erfahrungen gut gesicherte Vorstellungen über Größen aufzubauen. Des Weiteren können wichtige Bezugsgrößen aus der Erfahrungswelt dann auch zum Lösen von Sachproblemen herangezogen werden.

Ziele dieser Unterrichtsstunde

Die Schülerinnen und Schüler wenden ihr Wissen über Gewichte und das Wiegen an, um ein realistisches Problem zu lösen. Sie setzen sich kritisch mit der Problemstellung auseinander, indem sie ihren Ranzen wiegen und das Ist-Gewicht zu dem Soll-Gewicht in Beziehung setzen.

Entsprechend dem Bildungsplan für die Grundschule werden folgende mathematische Ziele in dieser Unterrichtsstunde verfolgt:

Inhaltsbezogene Kompetenzen

· Leitidee „Daten und Sachsituationen"

  Die Schülerinnen und Schüler können...

  - Daten aus [...] Darstellungen entnehmen und daraus Informationen und Schlüsse ziehen;

  (Ministerium für Kultus, Jugend und Sport Baden-Württemberg 2004b, S. 61)

Beim Lösen der Fragestellung nutzen die Schülerinnen und Schüler die in der Tabelle zur Verfügung gestellten Daten, um ihren Gewichtsbereich zu finden und das zulässige Soll-Gewicht ihres Ranzens zu entnehmen. Diese Informationen helfen ihnen, um weitere Schritte des Problemlöseprozesses durchzuführen (Ranzen weiter entleeren oder nicht).

· Leitidee „Messen und Größen"

  Die Schülerinnen und Schüler können...

  - mit geeigneten [...] standardisierten Einheiten [...] problembezogen messen;
  - mit Maßzahlen und Maßeinheiten sachangemessen rechnen;
  - ihr Wissen und Können im Umgang mit Größen zur Klärung realistischer, kindgemäßer Sachverhalte nutzen.

  (Ministerium für Kultus, Jugend und Sport Baden-Württemberg 2004b, S. 60)

Die Lernenden messen das Gewicht ihres Ranzens mit Hilfe einer geeigneten Waage und lesen die Maßzahl entsprechend ab. Sie können die Maßzahl in der richtigen Einheit notieren und sind in der Lage, ihr Ergebnis für das weitere Arbeiten zu interpretieren.

Beim Lösen des zusätzlichen Arbeitsauftrags (Arbeitsblatt II) können die Schülerinnen und Schüler die einzelnen Gewichte stellengerecht untereinander schreiben und richtig addieren.

Prozessbezogene Kompetenzen

- *Problemlösen*: Indem sie Lösungsstrategien (etwa durch Probieren) entwickeln, bekannte Sachverhalte nutzen und kreativ zur Problemlösung heranziehen, können die Schülerinnen und Schüler zu einer Lösungsfindung gelangen.
- *Modellieren*: Die Schülerinnen und Schüler erfassen die Sachsituation und übertragen sie in mathematische Modelle. Anschließend bearbeiten sie sie mit Hilfe ihrer mathematischen Fähigkeiten und Fertigkeiten. Die Lösung beziehen sie auf die Sachsituation zurück.
- *Darstellen / Kommunizieren*: Beim Ausfüllen des Schemas auf dem Arbeitsblatt wird die Vorgehensweise verdeutlicht und der Lösungsweg ersichtlich.

Anforderungsbereiche

I) *Reproduzieren*

Die Schülerinnen und Schüler nutzen das vorgestellte Beispiel, um die Fragestellung zu beantworten.

II) *Zusammenhänge herstellen*

Die Schülerinnen und Schüler verknüpfen gegebene und gewonnene Informationen (Tabelle, Maßzahl auf der Waage) und ziehen die richtigen Schlüsse.

Methodische Analyse

Begrüßung und Abschied

Jede Unterrichtsstunde der Lehramtsanwärterin beginnt mit dem Singen des Good morning-Liedes[10]. Durch das Singen und die Ausführungen der zugehörigen Bewegungen sammeln die Schülerinnen und Schüler ihre Konzentration zum Beginn der gemeinsamen Lernzeit und richten ihre Aufmerksamkeit auf die neuen Inhalte.

Das Ende der Unterrichtsstunde erfolgt ebenfalls durch ein Lied. Das Goodbye-Lied[11] verhindert ein unspezifisches Stundenende und sorgt für einen respektvollen Abschied. Das Lied markiert seit Beginn des Schuljahres das Ende der gemeinsamen Unterrichtszeit für diesen Tag. Dass die Schülerinnen und Schüler den Liedtext mittlerweile auch inhaltlich durchdrungen haben, zeigt sich daran, dass einige Schülerinnen und Schüler zu Stundenende durch die Klasse laufen und sich gegenseitig mit Handschlag verabschieden („…and shake your hands.").

Tägliche Übung und News Reporter

Zu Beginn einer jeden Unterrichtsstunde lösen die Schülerinnen und Schüler zunächst zehn Kopfrechenaufgaben aus dem Zahlenraum bis 1000, welche die Lehramtsanwärterin diktiert. Dabei liegt ein besonderer Fokus auf Multiplikations- und Divisionsaufgaben aus dem kleinen Einmaleins, welches nach Einführung in Klasse 2 nun zunehmend automatisiert beherrscht werden muss. Mit der Erweiterung des Zahlenraums bis 1000 werden nun auch Multiplikations- und Divisionsaufgaben über das kleine Einmaleins hinaus geübt. Die Schülerinnen und Schüler sind dabei zunehmend in der Lage, sich die Aufgabe im Kopf vorzustellen (beispielsweise 420 : 7), die bekannten Aufgaben zu erkennen (42 : 7) und strategisch beim Lösen vorzugehen (420 : 7 = 60). Regelmäßig geübt werden so auch Aufgaben zur Zerlegung der 1000. Um die Verknüpfung der Grundrechenarten zu verdeutlichen und weiter zu festigen, werden ebenfalls Additions- und Subtraktionsaufgaben abgefragt.

Da jedes einzelne Kind die diktierten Aufgaben in seinem Heft löst, erlaubt die Phase der

---

[10] Liedtext: Good morning, good morning, good morning, how are you? Good morning, I'm fine. Thank you. And how are you?
[11] Liedtext: Goodbye, goodbye, goodbye, my friends. Goodbye and say thank you. And shake your hands.

täglichen Übung die aktive Teilnahme aller Kinder und sichert regelmäßige Kopfrechenzeiten.

Im englischsprachigen Mathematikunterricht ist die tägliche Übung selbstverständlich integriert. Aufgaben werden auf Englisch diktiert, zur Unterstützung für fremdsprachlich schwächere Schülerinnen und Schüler aber von einem Klassenkameraden auf Deutsch wiederholt. Somit sollen Ängste gegenüber der Fremdsprache gar nicht erst entstehen. Die Wiederholung der Aufgabe in der Muttersprache ermöglicht außerdem eine Kontrolle des Sprachverständnisses für die individuelle Schülerin / den individuellen Schüler.

Nach dem Lösen aller Aufgaben erfolgt eine rasche Kontrolle der Ergebnisse. Die Schülerinnen und Schüler entscheiden selbst, welche Sprache sie verwenden möchten. Die Lehrerin notiert die Ergebnisse an der Tafel, so dass diese mit den Einträgen im Heft verglichen werden können. Dieses Vorgehen erlaubt es Schülerinnen und Schülern, die im sprachlichen oder mathematischen Bereich leistungsschwach sind, ebenso wie Schülerinnen und Schülern, die noch Schwierigkeiten haben, Zahlen kognitiv aufzurufen, nicht überfordert zu werden. Leistungsstarke Schülerinnen und Schüler fühlen sich herausgefordert, englischsprachige Antworten zu geben. So ist es möglich, jedes Kind zu Beginn der Unterrichtsstunde zu integrieren und Erfolgserlebnisse zu erlauben.

Jeder Tag, an dem die Klasse und die Lehramtsanwärterin gemeinsam Unterricht haben, beginnt mit der Ansage des News Reporters: Ein Kind ändert das Datum am Datumsboard, passt das Wetterboard dem aktuellen Wetter an und kleidet Froggy entsprechend. Aus Zeitersparnisgründen und um die Unterrichtszeit noch effektiver nutzen zu können hat sich dieser Dienst in den letzten Monaten in die Zeit der Täglichen Übung integriert. Eine Schülerin / ein Schüler übernimmt im täglichen Wechsel die Tätigkeit des News Reporters und ist für diesen Tag von der Täglichen Übung befreit.

Der News Reporter ist eine weitere Integration der Fremdsprache Englisch in den Alltag der Schülerinnen und Schüler. Neben der sprachlichen Festigung der Datums- und Wetteransage gelingt es so auch, den Kalender – ein im Mathematikunterricht oft auf wenige Unterrichtsstunden beschränktes Thema – zu integrieren und nach dem Prinzip des spiralförmigen Lernens zu festigen. Darüber hinaus können so Fragen zum Thema, die sich erst durch die tägliche Auseinandersetzung mit dem Kalender entwickeln („Wieso ist es immer noch Winter, auch wenn es draußen sehr frühlingshaft ist?"), nebenbei beantwortet werden.

Motivationsphase

Der Einstieg in das Thema der hier beschriebenen Unterrichtsstunde erfolgt durch eine kurze Geschichte aus dem Alltag der Lehramtsanwärterin. Sie berichtet – unterstützt durch entsprechende Gestik und Mimik sowie Realia – von ihrem Weg in die Schule, der auf Grund ihrer schweren Tasche anstrengend war und Rückenschmerzen verursacht hat. Sie zeigt eine Tabelle an der Tafel, in der entsprechend des Körpergewichts Gewichtsspannen genannt werden, die eine Tasche nicht überschreiten sollte. Sie lässt eine Schülerin / einen Schüler ihr Gewicht aus der Tabelle ablesen, welche in der vorangehenden Unterrichtsstunde mit dem jeweiligen Gewicht aller Schülerinnen und Schüler (sowie der Lehramtsanwärterin) der Klasse 3a ausgefüllt wurde. Es wird festgestellt, dass die Lehrertasche das empfohlene Gewicht überschreitet.

Es ist anzunehmen, dass die Schülerinnen und Schüler schnell den Vorschlag machen werden, die Tasche zu entrümpeln, um das Gewicht zu verringern. Unterstützend zeigt die Lehramtsanwärterin einige Dinge aus ihrer Tasche, die im Schulalltag nicht benötigt werden. Es erfolgt ein Sortieren der verschiedenen Gegenstände nach „benötigt" und „unnötig" („I need... in school." / „I don't need... in school.") . Gleichzeitig wird das später von den Schülerinnen und Schülern auszufüllende Arbeitsblatt (Arbeitsblatt I[12]) vervollständigt, welches vom Overhead-Projektor projiziert wird. Schließlich wird die Tasche erneut gewogen und befindet sich in der empfohlenen Gewichtsspanne.

Indem die Schülerinnen und Schüler aktiv in den Prozess des Aussortierens und Wiegens mit einbezogen werden, handeln sie bereits mit dem Unterrichtsthema und setzen sich damit auseinander. Die Lehrertasche motiviert zur aktiven Teilnahme in dieser Phase.

Das Thema der Stunde knüpft logisch an das Wiegen der einzelnen Schülerinnen und Schüler in der Vorstunde an und erlaubt somit eine Verzahnung der einzelnen Unterrichtsstunden. Das Problem unnötiger Dinge im Ranzen ist vielen Kindern aus ihrem Alltag bereits bekannt, erheitern könnte es sie allerdings, festzustellen, dass sich auch Erwachsene immer wieder dabei ertappen, zu viel in ihrer Tasche zu tragen. Indem die Lehramtsanwärterin ihre Tasche als Problem ins Zentrum stellt, ist zum Einen

---

[12] Alle verwendeten Materialien befinden sich im Anhang (ab Seite 34). Eine didaktische Erläuterung zu den Arbeitsblättern ist nachzulesen auf Seite 16.

sichergestellt, dass niemand unbeabsichtigt bloßgestellt wird, zum Anderen bleiben so die Gewichte der einzelnen Kinder anonym (optional war es in der voran gegangenen Unterrichtsstunde auch möglich, das Gewicht lediglich im persönlichen Heft zu notieren und nicht in der Tabelle publik zu machen). Gleichzeitig kann das Beispiel der Lehrerin herangezogen werden, wenn anschließend die eigene Tasche untersucht werden soll.

Um den Sinn der anschließenden Arbeitsphase deutlich zu machen, wird besprochen, warum es wichtig ist, dass das Ranzengewicht nicht zu groß ist. Zusätzlich geben Bilder an der Tafel Hinweise, dass die Rückengesundheit in Gefahr ist, wenn dieser zu sehr belastet wird.

Erarbeitungs- und Vertiefungsphase

Nachdem den Schülerinnen und Schülern die Problematik durch die Geschichte aus dem Alltag der Lehrerin bekannt ist und die Relevanz des Themas geklärt wurde, gehen die Kinder nun selbst an die Arbeit, ihren Ranzen zu inspizieren. Das Beispiel der Lehrerin hilft ihnen beim Ausfüllen des Arbeitsblattes. Es ist für die Schülerinnen und Schüler weiterhin präsent und kann somit als Hilfestellung herangezogen werden. Außerdem befinden sich auf der Rückseite eines Tafelflügels Bildkarten mit den entsprechenden englischen Wörtern. Diese dienen als Hilfe um potenzielle Gegenstände, die sich im Ranzen befinden könnten, notieren zu können. Sollten weitere Wörter benötigt werden, wenden sich die Schülerinnen und Schüler an die Lehrerin.

Die Schülerinnen und Schülern verwenden die im Klassenzimmer verfügbaren Waagen zum Wiegen des Ranzens. Dabei sind ihnen aus vorangegangenen Unterrichtsstunden die unterschiedlichen Waagentypen bekannt. Sie wissen auch, dass jede Waage für einen bestimmten Gewichtsbereich ausgelegt ist und entscheiden selbstständig, welche Waage sie verwenden wollen, um ein bestimmtes Gewicht zu ermitteln.

Es ist anzunehmen, dass viele Kinder Ranzen haben werden, die sich im entsprechenden Gewichtsrahmen befinden. Sobald ihr Ranzen das Idealgewicht hat, sollen sich die Schülerinnen und Schüler deshalb vertieft mit dem Ranzeninhalt beschäftigen und die einzelnen Gegenstände sowie deren Gewicht notieren. Die Dinge des Schulalltags sind den Schülerinnen und Schülern bekannt, nicht aber deren Gewicht. Sie werden so für das Gewicht der Gegenstände sensibilisiert und erwerben erste Grundvorstellungen über

Gewichte mit Hilfe von Gegenständen, von denen sie alltäglich umgeben sind. Dies hilft ihnen, Stützpunktvorstellungen zu entwickeln und aufzubauen.

Beim Wiegen muss jedes Kind darauf achten, das Gewicht entsprechend der Waage richtig abzulesen. Dazu muss beachtet werden, dass Waagen sowohl digitale als auch analoge Anzeigen haben, Skalenwerte müssen entsprechend interpretiert werden. Die Waagen im Klassenzimmer sind bewusst nicht didaktisch aufbereitet und wurden zu einem Großteil von den Schülerinnen und Schülern selbst mit in die Schule gebracht. Da Größen ein sehr alltägliches Thema der Mathematik ist, ist es zu begrüßen, dass Dinge aus dem direkten Lebensumfeld der Kinder auch unter mathematischen Gesichtspunkten betrachtet werden. Nur so kann es gelingen, dass mathematische Themen auch Einzug in die Lebenswelt der Kinder halten.

Beim Notieren der einzelnen Gewichte (Arbeitsblatt II) muss auf die Umrechnung von Gramm zu Kilogramm und zurück geachtet werden. Die bereits auf dem Arbeitsblatt notierten Einheiten sollen die Lernenden daran erinnern, dass zum Rechnen eine durchgehende Einheit verwendet werden muss. Beim Errechnen des Gesamtgewichts wenden die Schülerinnen und Schüler ihr Wissen über die schriftliche Addition an, um schnell zu einem Ergebnis zu gelangen. Verglichen mit ihrem ersten Wiegeergebnis des Zustandsgewichts kann so auch schnell festgestellt werden, ob richtig gerechnet wurde. Zudem steht als Hilfe wieder eine Beispielrechnung für die Lehrertasche an der Tafel zur Verfügung, welche leistungsschwächere Lerner als Anhaltspunkt für ihren eigenen Ranzen verwenden können.

In dieser Arbeitsphase ist es für Schülerinnen und Schüler mit hoher Auffassungsgabe möglich, individuell an der Problemstellung zu arbeiten. Nichtsdestotrotz können sich Lerner, die noch unsicher sind, bei anderen Kindern Rat holen. Auch die Lehramtsanwärterin steht unterstützend zur Verfügung und bietet ihre Hilfe an. Dabei verzichtet sie auch bei Verständnisproblemen auf einen Wechsel in die Muttersprache. Dies ist den Schülerinnen und Schülern bekannt. Sollten auch Mimik und Gestik (etwa das Nachspielen einer Handlung, die Wiederholung von bereits im Plenum Besprochenem) und weitere hinzugezogene Veranschaulichungen (etwa eine Skizze an der Tafel) die Problematik nicht beheben, so werden andere Kinder als „Übersetzer" herangezogen. Weiterhin ist es möglich, dass die Lehramtsanwärterin an Schülerinnen und Schüler als

„Experten" verweist, von denen sie weiß, dass sie eine ähnliche Frage zuvor bereits erfolgreich klären konnten.

Dieses Negotiating of Meaning[13] führt dazu, dass die Fremdsprache noch oft einen großen Stellenwert im Mathematikunterricht einnimmt. Es führt jedoch auch zur Ausbildung von Fähigkeiten und Fertigkeiten, die zum Problemlösen notwendig sind. Damit werden auch über das Mittel der Fremdsprache viele Kompetenzen ausgebildet, die wiederum nützlich für allgemeine mathematische Kompetenzen sind.

Die Auseinandersetzung mit den eigenen schulischen Gegenständen regt auch zum Vergleichen mit den Klassenkameraden an. Bei der Einführung in die Unterrichtseinheit haben die Schülerinnen und Schüler die Gewichte von Gegenständen mit Hilfe einer Kleiderbügelwaage verglichen. Dabei haben sie schon erste Vorstellungen sammeln können (z. Bsp. „Der Radiergummi ist schwerer als der Bleistift."), die sie nun mit Hilfe standardisierter Einheiten überprüfen und konkretisieren können. Jetzt können sie auch mit einer Gewichtsangabe beweisen, dass beispielsweise das Mäppchen des Nachbarn schwerer ist als ihr eigenes.

Die Lehramtsanwärterin hat zu Beginn der Arbeitsphase mitgeteilt, dass die Arbeit mit einem Partner möglich ist. Dies sind die Schülerinnen und Schüler bereits aus vergangenen Unterrichtseinheiten und anderen Fächern gewohnt. Sie begrüßen die Interaktion mit ihren Klassenkameraden sehr und arbeiten zielstrebig an einem Problem. Bewusst verzichtet wird auf eine genaue Einteilung der Klasse in Zweiergruppen, etwa in leistungsheterogene oder leistungshomogene, da sich in der Vergangenheit immer wieder gezeigt hat, dass die Schülerinnen und Schüler selbst gern auswählen, mit wem sie arbeiten und sich die Gruppenzusammensetzung automatisch immer wieder ändert. Es muss befürchtet werden, dass eine Festlegung in Gruppen zu Frustration bei den Kindern führen würde, unter der schließlich die Qualität der gemeinsamen Arbeit leiden könnte. Alternativ wäre es denkbar gewesen, die Klasse in Kleingruppen (mit jeweils bis zu vier Schülerinnen / Schülern) einzuteilen und sich in der Gruppe mit dem schwersten Ranzen

---

[13] Als „Negotiation of Meaning" versteht man das sprachliche Aushandeln von Bedeutung. Strategien, um gegenseitiges Verständnis zu erreichen, sind Nachfragen, Umformulieren und Bestätigen. Angelehnt an den Erstspracherwerb können dabei auch Methoden des „Motherese" verwendet werden, indem beispielsweise eine falsche fremdsprachliche Aussage korrekt wiederholt wird, ohne Fehler in den Mittelpunkt zu stellen (z.Bsp. „I have three pencil." – „You have three pencils? What colors do they have?").

aller Gruppenmitglieder zu beschäftigen. Da es sich hier aber um eine Aufgabenstellung handelt, die jede Schülerin / jeden Schüler individuell anspricht, ist davon auszugehen, dass eine solche Gruppenarbeit nicht Gewinn bringend wäre. Die Relevanz, welche das Thema für jedes Kind hat, wäre so nicht deutlich zu erkennen. Es ist davon auszugehen, dass jedes Kind motiviert ist, seinen eigenen Ranzen zu inspizieren. Diese Motivation würde durch eine Festlegung auf einen kollektiven Ranzen ausgebremst.

Schülerinnen und Schüler, die beide Arbeitsaufträge zügig erledigt haben, erhalten eine Anzahl Klebezettel, auf welche sie die Gegenstände in ihrem Ranzen noch einmal malen und mit dem jeweiligen Gewicht beschriften sollen. Anschließend kleben sie die Klebezettel nach Größe geordnet ins Heft. Sie können dabei selbst entscheiden, ob sie mit der kleinsten Größe (dem leichtesten Gegenstände) beginnen wollen oder mit der größten. Sie rekapitulieren dabei, was die einzelnen Gegenstände wiegen, vergleichen die Zahlen und sehen so deutlich, welcher Gegenstand den Großteil ihres Ranzengewichts ausmacht.

Sicherungsphase

Da in der vorangegangenen Arbeitsphase jedes Kind seinen eigenen Ranzen inspizieren sollte, ist ein gemeinsames Arbeitsergebnis nicht zu erwarten. Deshalb wird mit einer kurzen Abfrage („Is your backpack too heavy?" / „Is your backpack OK?") und entsprechender Gestik (Daumen runter / Daumen hoch) das Ergebnis der Backpack Inspection blitzlichtartig abgefragt. Nach dem Vorbild einer Fahrzeuginspektion, die bei Erfolg mit einer Plakette besiegelt wird, erhalten die Schülerinnen und Schüler anschließend auch für ihren Ranzen eine kleine Anerkennung. Um die Ausgabe zu beschleunigen, ernennt die Lehrkraft einige Schülerinnen und Schüler zum Sheriff, welche die Plakette für ein angemessenes Ranzengewicht an die Kinder verteilen.

Es ist davon auszugehen, dass viele Schülerinnen und Schüler, welche zu schwere Ranzen haben, einige Dinge mit nach Hause nehmen müssen und somit ihr Ranzen zum Ende der Unterrichtsstunde noch kein Idealgewicht aufweist. Im Zentrum stehen jedoch die kritische Auseinandersetzung mit dem Inhalt des Ranzens und eine Anregung zum Nachdenken darüber, wie viel im Ranzen mitgenommen werden muss.

Sollte eine Schülerin / ein Schüler trotz kritischen Überdenkens des Ranzeninhalts weiterhin einen zu schweren Ranzen haben (vielleicht weil das Ranzengewicht selbst schon sehr groß ist), dann wird die Lehramtsanwärterin die Mitschülerinnen und Mitschüler dazu aufrufen, Tipps zu geben, wie das Gewicht noch weiter verringert werden könnte (z.B. Postmappe regelmäßig leeren, Regenschirm in die Sporttasche packen,…).

Sollte noch Zeit bleiben, um ein gemeinsames Spiel zu spielen, so erhalten alle Schülerinnen und Schüler einen Notizzettel, auf dem sie das Gewicht ihres Ranzens notieren. Nun sollen die Ranzen aller Kinder ohne zu sprechen nach der Größe geordnet werden. Die Sheriffs kontrollieren anschließend das Ergebnis.

Verlaufsplan

BACKPACK INSPECTION – DEM RANZENGEWICHT AUF DER SPUR

Ziel der Unterrichtsstunde: *Die Schülerinnen und Schüler wenden ihr Wissen über Gewichte und das Wiegen an, um ein realistisches Problem zu lösen.* Sie setzen sich kritisch mit der Problemstellung auseinander, indem sie ihren Ranzen wiegen und das Ist-Gewicht zu dem Soll-Gewicht in Beziehung setzen.

Phase / Zeit	Lehrerhandlungen	Schülerhandlungen	Methode	Medien
11:10 – 11:12 Begrüßung	L singt Good Morning Song	S singen Good Morning Song		
11:12 – 11:20 Tägliche Übung & News Reporter	L nennt zehn Aufgaben	S lösen zehn Aufgaben	Plenum	Matheheft
		ein S nennt Datum und Wetter, alle S sprechen nach		Datumsboard, Wetterboard, Froggy
11:20 – 11:30 Motivation	„This morning when I walked to school, my back hurt really bad. I think my bag is too heavy. So today I would like to inspect my bag." L zeigt ihr Gewicht in Tabelle und Soll-Gewicht ihrer Tasche, lässt einen S Tasche wiegen „My backpack weighs... kg. It is too heavy. I need... in school. I don't need... in school." (L vervollständigt Lücken auf Folie)	Einzelne S helfen beim Wiegen der Tasche, S sprechen zentrale Sätze nach	Plenum	Lehrertasche, Waage, Plakat Weight-Backpack, Folie Arbeits-blatt I

Zeit / Phase	L (Lehrer)	S (Schüler)	Sozialform	Medien / Material
	L nimmt unnötge Dinge aus der Tasche, ein S wiegt Tasche nochma s „My backpack weighs... kg. It is OK." „Why is it important to inspect your backpack and to check its weight?" „Now it is your turn! You will inspect your backpack and check your backpack's weight. You can work with a partner."	S nennen Gründe für leichten Ranzen (Rückengesundheit)		Bilder Rückenschäden
11:30 – 11:50 Erarbeitung & Vertiefung	L unterstützt S, beantwortet Fragen der S, verweist notfalls an Mitschüler für deutschsprachige Hilfe	S folgen Beispiel der L: wiegen eigenen Ranzen, kontrollieren Gewicht und Körpergewichtsklasse, notieren nötige und unnötige Dinge im Ranzen	Partnerarbeit	Arbeitsblatt I, Waagen, Ranzen der S (mit Inhalt)
		Weiterer Arbeitsauftrag: Notieren des Ranzeninhalts und einzelner Gewichte, Summe aller Gewichte ermitteln		Arbeitsblatt II
		Differenzierung für schnelle Schüler: einzelne Gegenstände und deren Gewicht auf einzelne Klebezettel malen, nach Größe geordnet ins Heft kleben		Klebezettel
11:50 – 11:54 Sicherung	„Wow, you worked very hard to inspect your backpack. Show me: Is your backpack too heavy? [thumbs down] Is your backpack OK? [thumps up]"	S nennen Gewicht ihres Ranzens. „My backpack is OK. / My backpack is too heavy."	Plenum	
	L ernennt einige S zum "Sheriff"	Sheriffs verteilen Plaketten für Ranzen, die Soll-Gewicht haben		Sheriff-Marken, Plaketten

	Zeitpuffer: Sortierspiel	S schreiben das Gewicht ihres Ranzens auf Notizzettel, sortieren sich ohne sprechen nach der Größe, Sheriffs kontrollieren anschließend	Notizzettel
11:54 – 11:55 Abschied	L singt Goodbye Song	S singen Goodbye Song	

Literatur

Brugger, Brigitte u.a. (2005). *Die Matheprofis 3. Lehrermaterialien.* München: Oldenbourg Schulbuchverlag.

Franke, Marianne (2003). *Didaktik des Sachrechnens in der Grundschule.* Heidelberg: Spektrum Verlag.

Fritzlar, Torsten (2013). *Massenhaft Gewichte. Der Größenbereich „Gewichte" im Mathematikunterricht der Grundschule.* In: Praxis Grundschule 9, S. 4-7.

Liebold, Luisa (2013). *Mathematikunterricht 2.0. Warum Mathematikunterricht verändert werden muss – und wie eine Fremdsprache dabei helfen kann.* Hamburg. Diplomica Verlag.

Ministerium für Kultus, Jugend und Sport Baden-Württemberg (Hrsg.) (2004). *Bildungsplan Grundschule Englisch.* In: http://www.bildung-staerkt-menschen.de/service/downloads/ Bildungsstandards/GS/GS_E_ bs.pdf (09.06.2013)

Ministerium für Kultus, Jugend und Sport Baden-Württemberg (Hrsg.) (2004b). *Bildungsplan Grundschule Mathematik.* In: http://www.bildung-staerkt-menschen.de/service/downloads/ Bildungsstandards/ GS/GS_M_bs.pdf (13.06.2013)

Reuter, Sabrina / Neubert, Bernd (2010). *Große Körper können leicht, kleine können schwer sein. Zur Entwicklung von Größenvorstellungen in der Grundschule.* In: Grundschulunterricht 4, S. 4-7.

Walker, Daniel (2009). *„Mathematik ist nicht geeignet, um in der Grundschule auf Englisch unterrichtet zu werden!"* Take Off! 2, S. 48.

Walker, Daniel (2009b). *Wie kann die Vermittlung mathematischer Inhalte in der Fremdsprache „funktionieren"?* Take Off! 2, S. 49.

Wildhage, Manfred / Otten, Edgar (2009). *Praxis des bilingualen Unterrichts.* Berlin: Cornelsen Verlag.

Zech, Friedrich (2002). *Grundkurs Mathematikdidaktik.* Weinheim: Beltz Verlag.

Bildquellen

Bilder Rücken

http://www.dr-gumpert.de/uploads/pics/Abbildung_der_menschlichen_Wirbelsaeule.jpg

http://www.womeninnano.de/files/so-lindern-sie-rueckenschmerzen-nach-dem-schlafen-199x300.jpg

http://122012.imgbb.ru/user/46/469674/1/4a93685212c6e20d0c6ff5ffc1ce4bf8.jpg

http://www.scout-schulranzen.de/media/123542/kleine_r_ckenschule.jpg

(alle zuletzt aufgerufen am 15.03.2014)

Illustrationen

Tägliche Übung: www.zaubereinmaleins.de

Plakat: www.zaubereinmaleins.de

Arbeitsblatt I: Microsoft Word Clipart

Arbeitsblatt II: Microsoft Word Clipart, http://krabbelwiese.blogspot.de/

Sheriff-Marken: Microsoft Word Clipart

Plaketten: Microsoft Word Clipart

Anhang

Sitzplan

(Auf Grund datenschutzrechtlicher Bestimmungen entfernt.)

Tafelbild

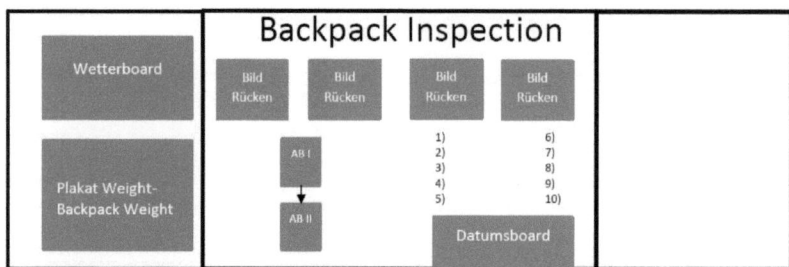

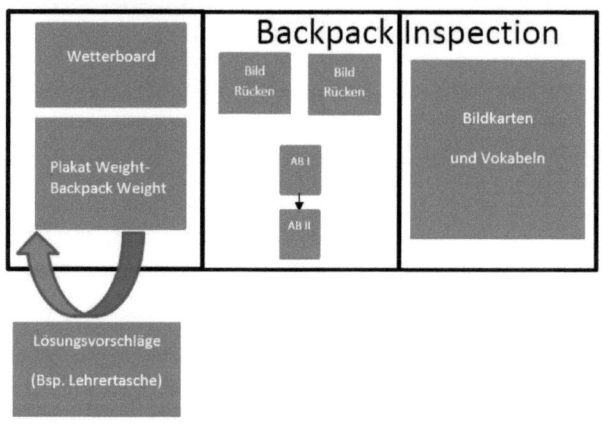

Calculation Practice

Name: ....

Date	#1	#2	#3	#4	#5	#6	#7	#8	#9	#10	

Bilder Rückenschäden

(Aus datenschutzrechtlichen Gründen entfernt. Siehe Quellenangaben.)

Plakat Weight-Backpack

BACKPACK INSPECTION

Weight	Backpack Weight

Weight	Backpack Weight
18 – 23 kg	2,2 – 2,8 kg
24 – 28 kg	2,9 – 3,4 kg
29 – 33 kg	3,5 – 4,0 kg
34 – 38 kg	4,1 – 4,6 kg
39 – 43 kg	4,7 – 5,2 kg
44 – 48 kg	5,3 – 5,8 kg
49 – 53 kg	5,9 – 6,4 kg
54 – 58 kg	6,5 – 7,0 kg

BACKPACK INSPECTION

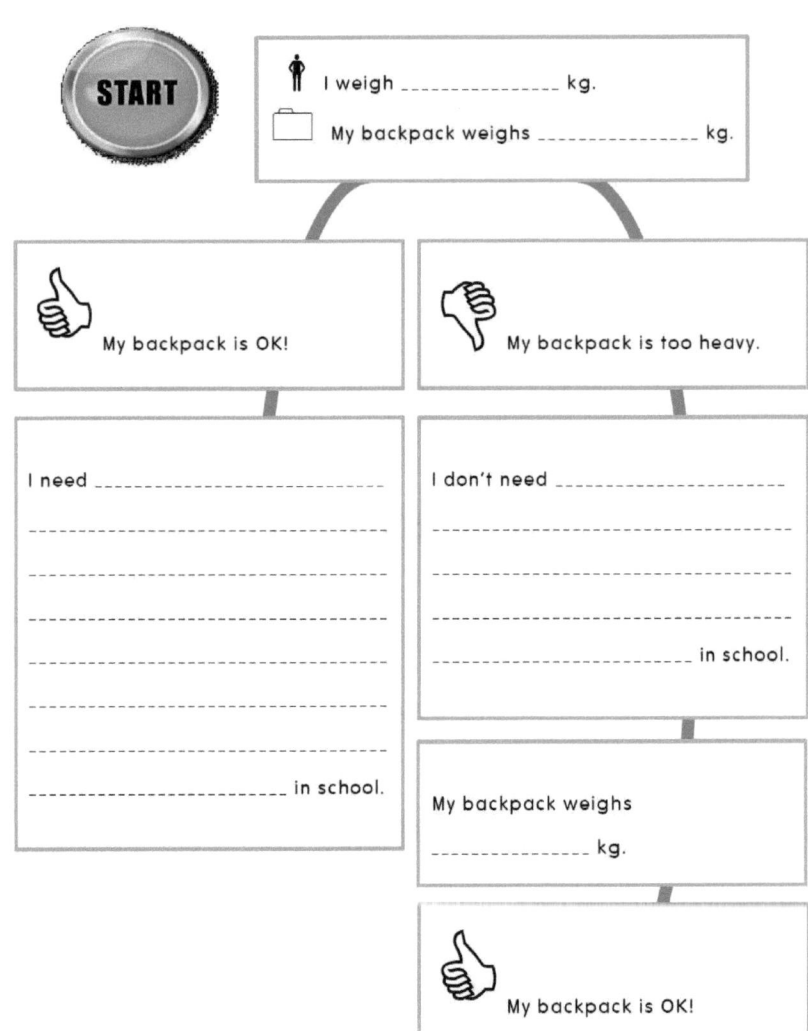

START

I weigh _____ kg.

My backpack weighs _____ kg.

My backpack is OK!

My backpack is too heavy.

I need _____
_____
_____
_____
_____
_____
_____ in school.

I don't need _____
_____
_____
_____
_____ in school.

My backpack weighs

_____ kg.

My backpack is OK!

BACKPACK INSPECTION

What is in your backpack? Write down ✍ and weigh ⚖ .

					g	backpack
+					g	pencil case
+					g	
+					g	
+					g	
+					g	
+					g	
+					g	
					g	

Sheriff-Marken

Plaketten